U0621950

铁葫芦

美しき日本の花のおもてなし

花之盛宴

中国友谊出版公司

花之盛宴

[日]今野政代 著　赵蔚青 译

开始与花为伴的生活

中国友谊出版公司

关于本书

* 本书中使用的花多为人造花和永生花。花的特征及处理方法请参照 p91、p92。
* 关于花的名字，插花中已有的则沿用，没有的则用东京堂所标记的名字，并用 * 明确标记出。
* 刊登作品中，使用器具的生产商已在括号内标明。如有未标注的器皿，属于作者私人物品。
* 花泥放入餐具时，多用白乳胶固定。因为在去除花泥后，用水浸泡则可以更加干净地去除白乳胶。而用花泥黏合剂来固定花泥托时，去除花泥托后，黏合剂有时可能不易清除。
* 在花泥上插花时，可以先在花茎上涂上白乳胶。具体操作请参考 p92 “花材的固定方法”。
* 关于材料的相关数据，是截至 2015 年 5 月的数据。

目录
contents

花之盛宴

与花为伴：迈出第一步

何为待客之道？

What is "omotenashi"？

为对方考虑，不失关怀。
思考周全用心准备，将四季的感觉不经意间带入其中。
这些看似理所当然、极其简单的事，
只要在日常生活中多加用心，便成就了待客之礼。
为了表达这种心情，若借以季节之花，
无论是来客还是自己，心情都会变得丰富多彩起来。
日本四季美丽，每个季节里都有着各式各样的节日活动。
在日本，形成了每逢节庆人们便会相聚的文化。
体贴、美好的日本式待客之道，
就从一枝花开始吧！

写在前面

Before you begin

稍稍收拾一下迎接客人的玄关和房间。

将玄关打扫干净，门口的柜子也收拾整齐。为了客人的方便，请将自己的鞋子收进鞋柜中。

利落干净的玄关令人心情舒畅。

在日本，长久以来，人们喜欢在收拾一番之后，再在门口洒上水。

这是一种标志，表示一切准备妥当，只待客人上门。做派潇洒，真是好极了。

房间简单收拾过后，哪怕再小，总要找到一处地方，用来装点季节之花。

这一点丝毫不能马虎。

客人到来之前的这段短暂时光，就已经确确实实地开始待客之道了。

现在，就该绽放笑容迎接客人了。

该从哪里着手呢？
首先要找到插花的切入口，可以是场合、是季节，也可以是钟爱的花，等等。
喜欢的花朵、喜欢的颜色、喜欢的容器。
家中喜爱的餐具，是插花容器的最佳选择。
美丽的樱花盛开，绮丽的枫叶变红，
四季的美打动心房的一瞬间，
又或是日常生活中内心的小小悸动，
这都是我们插花创作的出发点。
日本以花待客的方式，就是插花。
迈出这一步，打造丰富多彩的空间，
进而丰富自身，带来一份内心的宁静。

第一章 插花待客入门

Chapter One: Starting Out

在常用的浅盘中，装点上自己喜欢的植物。
要点是颜色与形状的搭配。
进行各种各样的尝试，何尝不是欢乐的时光。

◎**制作要点**

如同使用时令食材制作怀石料理的前菜一样，选材时要注重发挥花材的颜色、形状、个性特点，突出植物的美感。

◎**使用材料**

人造花

胡枝子、紫萁、
棣棠、
大星芹、
南天竹、★大樱桃、
三色堇、
麝香兰、龙胆、
夏白菊、
寒丁子、
绣球荚蒾、
稻花、乒乓菊、
绣球花、
樱花、
耧斗菜、
杭菊、
荚蒾

其他材料

容器（M.STYLE）、
白乳胶

从喜爱的容器入手

Arranging Flowers with Favorite Vessels

碗口开阔的小钵子，使用起来非常方便。
将细长的叶子用手轻轻地弄弯，
依照碗口的宽度伸展开来。
与花器一道，尽情欣赏植物的姿态与形态之美。

花茎要插出从花器的底部一点点生长出来的感觉。这样一来，便可将植物的生长姿态表现出来。

◎制作要点

容器中央放置花泥，表面贴上白发藓。要点是结合容器口的形状，插入细长的叶子，并用手将叶子弄弯。用松虫草打造高低不一的错落感。因为叶子中有细铁丝，用手就可以整理出理想的形状。

◎使用材料

人造花
独脚莲、松虫草、菖蒲

干花
白发藓

其他材料
容器（M.STYLE）、花泥、白乳胶

与冷酒相搭的单嘴钵、
杯身细长的马克杯。
细长的容器中，
清爽地插上几枝。
展现细长的线条，
尽可能地控制花的数量。
使用富有动感的紫萁，
令这次插花富有趣味。

◎制作要点

在容器的底部放入花泥或剑山，用作花留。用手将含有铁丝的紫萁折弯，赋予花茎动感。将花枝错落有致地插放，山茶花插在低处，以获得整体造型的平衡。

◎使用材料

人造花　紫萁、山茶花

其他材料　容器、花泥、白乳胶

从喜爱的花入手

Arranging your Favorite Flowers

绣球花

绽放于梅雨季节的绣球花。伴随着季节感，来欣赏花朵微妙的色彩变化。

梅雨季节，盛开在庭院中的绣球花，春天的紫花地丁、秋天的大波斯菊，在日本，诸如此类的许多花，都能让人感受到季节的气息。

就算只有一种花，也可以满满地插上一大把，放在房间一角。用作花器的，原是装日式点心的篮子。

通过身边的物件，乐享插花吧！

◎制作要点

在篮子的一侧放入花泥，将穿有铁丝的绣球花插入其中。色彩上，与其将不同颜色的花进行混搭，不如用同一个色调统一起来。色调深浅不同，分配不同的分量，就会营造出自然的感觉。

◎使用材料

人造花

绣球花三种

其他材料

篮子、花泥、#24裸线铁丝、花艺胶带、白乳胶

春兰

用春兰干净利落的身姿烘托空间，可谓最能够代表日本的待客之花。

春兰，利落精神，姿态美丽。
简直不敢相信，这竟然是人造花。
因为花茎里有铁丝，
便有了这挺拔的花姿。
用它打造空间感，尽显高洁，
是日本插花待客的典型代表。

◎制作要点

使用较深的容器，在里面放入贴了薄薄一层白发藓的花泥。用手将春兰的叶子弄弯一些，打造出美丽的曲线。将花对着容器竖直地插入，增添了一种紧张感。

◎使用材料

人造花

春兰

干花

白发藓

其他材料

容器（M.STYLE）、花泥、白乳胶

从喜爱的颜色入手

Arranging Flowers with your Favorite Colors

同色系

同一色相中，亮度、彩度不同的颜色组合。例如，藏蓝、蓝色、浅蓝。

炎热夏季为了感受到丝丝凉意，
不妨选择蓝色系列来插花。
使用同一色系，会带来一种安心感。
花形各有不同，要错落插放。
再放在蓝色的盘子上，
可以欣赏花与器的搭配效果。

◎制作要点

在容器的一侧放上花泥。按照容器的曲线，将花茎的长叶做成弓形。用铁丝做成永生花玫瑰、蝴蝶石斛的花茎。先从大花插起，高低错落，最后用细叶突出重点。

◎使用材料

永生花

玫瑰两种、蝴蝶石斛

人造花

蓝星花、芙莲、百部、杭菊、琉璃苣、茉莉花

其他材料

容器（M.STYLE）、花泥、#24和#26裸线铁丝、花艺胶带、白乳胶

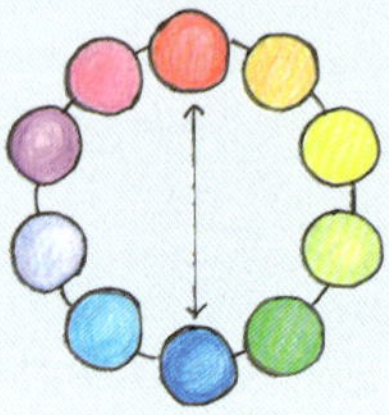

互补色

互补色，是色相环上位于相对位置的颜色组合。例如红色与蓝绿色。

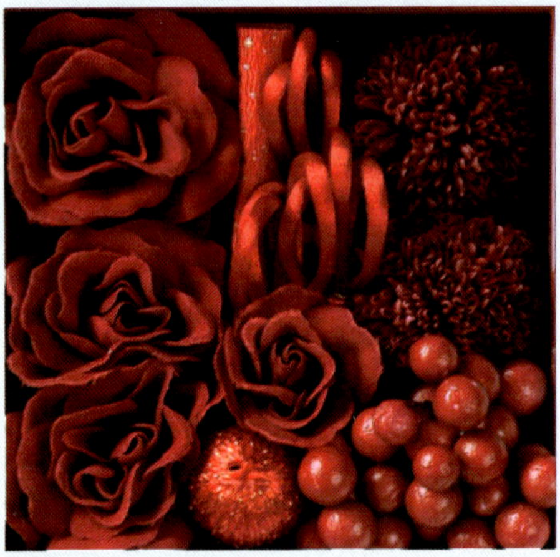

永生花

粉色组：
乒乓菊、绣球花
蓝色组：
绣球花、康乃馨
红色组：
乒乓菊
黄色组：
乒乓菊
绿色组：
乒乓菊、叶子、杉果球

其他材料

容器（M.STYLE）、丝带（蓝色、红色、黄色组中使用）、丝绦（绿色组中使用）、花泥、白乳胶

红配绿、黄配蓝，
随处可见，
对比色的组合是如此艳丽。
欣赏五颜六色之时，
选择朴素的容器较好。
时尚的小套盒，
正是合适的花器。

◎制作要点

将同色系不同形状的花材进行组合，分好组后，将其整齐地填满已放入花泥的容器中。也可将叶子卷曲，插入丝带或丝绦，令插花富有变化。

◎使用材料

人造花

粉色组：
杭菊两种、寒丁子、兰花

蓝色组：
蓝星花、杭菊、飞燕草

红色组：
玫瑰、千日红、南天竹

黄色组：
花毛茛、寒丁子、蜡菊、金合欢、满天星、绣球花

绿色组：
绣球花、景天、藿香蓟、地榆

白色组：
绣球花、藿香蓟、大丽花、白雪果

＊弯曲＝施加力量，弯曲调整花材的形状，让花朵与枝条的走向看起来更加美观。要领是手持花茎，轻轻掰弯。

在日本，由于花道的传播，插花具有很长的历史，茶道中，为了迎接客人，形成了独特的茶室插花文化。

无论哪种文化，都不是注重花的形式，而是着重把握好植物自身的姿态、外形、动感等要素，表现出它们在空间中展现出的最美姿态。

正是空间给予了作品紧张感，让赏花之人的内心也获得了一份宁静。这里使用人造花，有其独特优势，既能凝固鲜花插花的逼真之美，又能自由发挥弯曲＊这一日本插花的独特技法。

在丰富的花材中选上一枝，开始准备待客的插花吧！

第二章 一枝花开启插花生活

Chapter Two: Single-stemmed Flowers for Every Day

◎使用材料

人造花
万寿菊、木贼

干花
白桦枝

其他材料
丝带、酒椰叶纤维绳、花泥、透明文件袋、双面胶、插花专用防水黏合剂、白乳胶

丝带、酒椰叶纤维绳、木贼、万寿菊、白桦枝

◎制作要点

选择最想插的花。接下来，根据花的大小与形态，决定容器的高度与宽度。贴在容器上的枝条要认真地排列整齐，空隙用木贼填补。要点是容器与花的平衡。

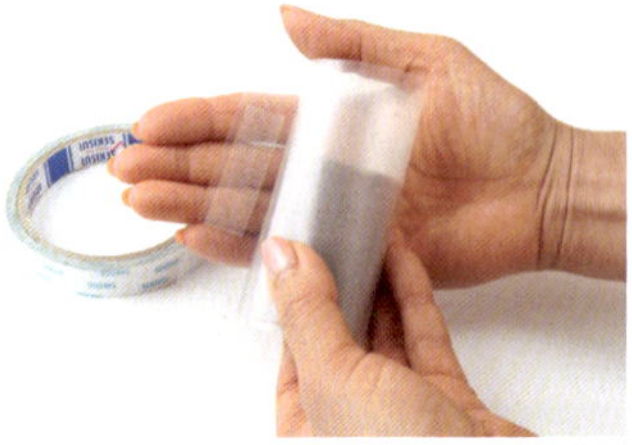

1. 将花泥切成圆柱形，在周围包上裁剪合适的透明文件袋，再用双面胶固定好。

2. 截取白桦枝与木贼的长度，使之能够遮盖住透明文件袋。

3. 将涂上防水黏合剂的白桦枝粘贴一圈，间隙贴上木贼。表面弄整齐后绑上丝带与酒椰叶纤维绳。

4. 在整理好形状的万寿菊花茎上涂上白乳胶，插入花泥（参照p90“花材的固定方法”）。

从一枝花开始

Single Flowers

就算是一种花、一枝花，也足以以花待客。
正如茶室插花一样，在日本有着在特定空间里赏花的文化。
照片是将白桦枝与木贼粘贴在圆筒上手工制作的花器。
每个季节插入不同的花，
传递出美丽四季更迭的讯息。

为了配合玻璃容器，选择原产于欧美的花。将不同的花高低错落地插入形态各异的玻璃杯中。虽然是人造花，但放入水中却显得水嫩娇艳。

◎使用材料

人造花

五彩石竹、绣球花、蝴蝶兰、茉莉花、古典玫瑰

其他材料

容器

胡枝子、古典玫瑰、绣球花、乒乓菊、塑料剑山、樱花

1. 将底部带有吸盘的塑料剑山吸在荞麦猪口杯的底部。

2. 花材裁剪的长度，应考虑到与容器的平衡。将花茎笔直地插入剑山。

家里的荞麦猪口杯。
蓝色的图案看起来很沉静。
将小小的剑山隐于其中，
插上一枝自己喜欢的花。
轻轻松松即可营造出插花的意境。

◎制作要点

每一朵花都是简单的，有圆形的、尖形的、蓬松的，等等，选取形状各异的花朵用来插花。颜色与形状构成了有张有弛的排列，营造出日本的气氛。

◎使用材料

人造花

樱花、乒乓菊、绣球花、古典玫瑰、胡枝子

其他材料

容器（M.STYLE）、塑料剑山

通透的琥珀色玻璃容器。
在低凹处，
放入亮漆金属丝。
将漂亮的棣棠与细枝
交错着插入。
即便只有一种花，
也可传递款待的心意。

1. 准备两种颜色的铝制亮漆金属丝，并截取适当的长度。

2. 将两种颜色的金属丝缠绕在一起，放入容器中，中间的部分要高一些。要仔细缠绕，避免金属丝接头露出来。

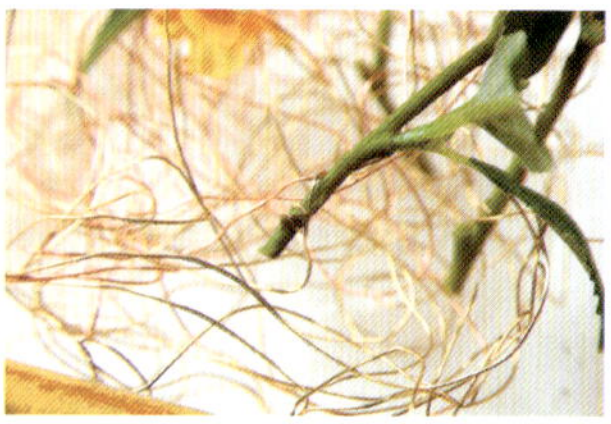

3. 缠绕着将棣棠插入金属丝的空隙中。

4. 最后，将细枝条插入棣棠之间，使其形成曲线造型。

◎制作要点

透明容器中的花留，不建议用花泥，而推荐金属丝。亮漆金属丝柔韧度好，可以随意塑造各种形状。最后，用弯曲的细枝条重叠打造多重的交错与曲线。

◎使用材料

人造花

棣棠、*细枝条

其他材料

容器（M.STYLE）、亮漆金属丝两种

尝试两三种花材

Two to Three Flowers

将叶子卷起来当作花留。飘动的感觉，就像一幅图案。接下来只需要插上两种花便好。配合颇具厚重感的容器，选择了花的形状。陶器的质感平添一种沉稳平静的气氛。

◎制作要点

将内部含有铁丝的人造叶卷起来做成花留。用身边的叶子试着做做。改变花的朝向，调整出合适的气氛。

◎使用材料

人造花　贝母、春兰、台湾山苏花

其他材料　容器（M.STYLE）、双面胶

1. 将台湾山苏花的茎剪掉，留下叶子将其一圈圈地卷起来，并用双面胶固定好。

2. 组合卷好的叶子，以便能够刚好将叶子放入容器中。这就成了花留。

3. 在卷好的叶子之间插入花。花的高度应视容器的大小而定，使花和容器保持平衡。

人造玫瑰、丝带两种、绣球花、绿藤、大丽花两种、保鲜玫瑰、乒乓菊、* 灌木小叶

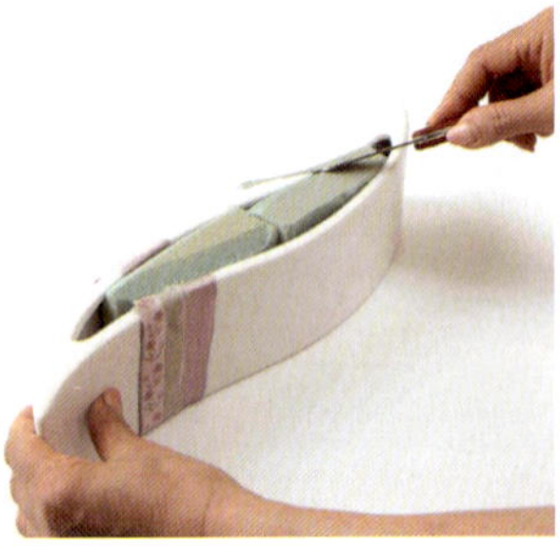

1. 用白乳胶将两种丝带粘在容器上，将花泥放入容器中，略高于容器。将容器边缘处的花泥棱角削去。

2. 先从大丽花等大型花插起。不要将抢眼的花放在中心位置。

3. 将叶子（灌木小叶）平坦地插在绚丽的花旁，因为形状不同，彼此之间衬托得更好看。

4. 将小花插在低处，并着重突出细枝。检查花朵是否朝向四方。

搭配数种花材

Using Several Flowers

华丽的大丽花，
圆润可爱的乒乓菊，
犹如日式点心的玫瑰花，
将这几种花插入简单的流线型容器中。
像在和服上描绘图案一般，
也可以尝试这样插花。

◎制作要点

简单的容器，与花的鲜艳组合形成了鲜明的对比。大朵的大丽花、颇具人气的乒乓菊、柔软而饱满的玫瑰等，我们选择的皆为圆形花朵。要点是，花与花之间要有略微的高低错落。

◎使用材料

人造花

大丽花两种、绣球花、玫瑰、*灌木小叶

永生花

玫瑰、乒乓菊、绿藤

其他材料

丝带两种、容器（东京堂）、花泥、白乳胶

1. 放入与容器同高的花泥，表面贴上白发藓（参照p90“花泥和苔藓的放置方法”）。

2. 容器上方重叠数根白桦树枝，注意平衡。

3. 用铁丝制作的U形夹（参照p93“U形夹的做法”）固定好每一枝白桦。

◎**制作要点**

在不太厚实的现代和式容器上，交叉放置几根树枝，做成一个具有大自然感觉的基座。为了展现横长的线条，选择马蹄莲或蝴蝶兰等颇具个性的花，营造一种干净利落的感觉。

4. 插入两枝缠绕穿丝的马蹄莲（参照p93“穿丝的技巧”与“缠胶带的方法”），与容器保持平行。

5. 将蝴蝶兰花茎弯曲，是为了营造在树枝上流动的感觉。将菝葜的果实插入，与树枝保持同样的角度。

黑色与银色相结合的现代感容器。
将白桦枝稀松地交叠在一起，用作花留。
纯白的蝴蝶兰与两种马蹄莲，突出流动感。
最后，再佐以一枝绿色菝葜。
要点是抛却一切冗余，使作品清爽自然。

◎使用材料

人造花
马蹄莲、蝴蝶兰、菝葜

干花
白桦枝、白发藓

其他材料
容器（东京堂）、花泥、#22裸线铁丝、花艺胶带、白乳胶

蝴蝶兰、菝葜、马蹄莲、白发藓、白桦枝

1. 用铁丝给花材穿丝，并用花艺胶带缠绕起来（参照 p93“穿丝的技巧”与“缠胶带的方法”）最顶端的叶子用 #22 裸线铁丝。

2. 保持一定的宽度，将花用花艺胶带连接固定在一起，并使每一朵花都能看得到，做成花束带。

3. 花束带长短各做一个，将较短一方的铁丝弯折，与较长花束的铁丝合拢在一起，用花艺胶带缠绕，做成一长条花束。

4. 将合并后的铁丝剪短，装饰花就完成了。调整花束，使其宽度均匀，展开整理花束至 180 度，装饰在容器上。

玻璃容器虽小，但因花纹美丽，所以排列了三个。
将圆润可爱的钻石玫瑰、白玫瑰置于中心位置，
周围搭配上常见的小花。一簇簇小花，楚楚可人，百看不厌。

◎制作要点

就像孩提时用花草做花环一样，将花串联起来，这是人们一直以来喜欢的手法。为了能与碟盘上的图案相和谐，选用了可爱的花朵，轻松将花朵串联起来。

◎使用材料

人造花

花韭、钻石玫瑰两种、夏白菊、棣棠、绣球花

其他材料

容器（M.STYLE）、#22裸线
铁丝、花艺胶带

绣球花、棣棠、夏白菊、钻石玫瑰两种、花韭

1. 在容器边缘位置放置大小各一块花泥，并用白乳胶固定，再在其表面粘上白发藓。

2. 在樱花花茎上涂上足够的白乳胶，插到大的花泥上，然后整理好花的姿态。

3. 在小的花泥上插上油菜花，注意和樱花的高低位置。

◎使用材料

人造花　樱花两种、油菜花

干花　白发藓

其他材料　容器（M.STYLE）、花泥、白乳胶

◎制作要点

准备两种樱花。颜色的浓淡让小小的作品充满立体感。小心地折弯花枝，使其呈现出优美的曲线。

Chapter Three: Embracing the Seasons

第三章 品味四季

日本，四季美丽分明。
春天，樱花盛开，花瓣翩翩飞舞。
夏天，绿树成荫，水畔清凉宜人。
秋天，红叶似锦，大波斯菊随风飘荡。
冬天，银装素裹，枝头红果点点。
选取各个季节特有的花草，
用来待客欣赏，共同品味这四季的变迁。

1. 选择粗细各异的树枝
将白桦枝横置于容器中。无须对称，使其呈现自然状态。

2. 缓慢地注水
把由硅胶树脂造水剂制成的仿真水轻轻注入树枝之间。

3. 在流动的液体接近凝固时，撒上樱花花瓣，观察其状况。

4. 当硬度达到花瓣可浮于水面而不沉下时，则可以整体撒上花瓣。

拉门上映着圆窗，
这是令人怀念的日本家居的一景。
春日和煦的阳光下，
淡粉色的垂樱盛开。
配上油菜花，
这样的春天，人人欢喜。

春 Spring

日本的春天尽染樱花色。
染井吉野樱淡淡的粉色，
垂樱美丽妖娆的线条，
八重樱层层重叠的花瓣。
将樱花置于容器中，
呈现花瓣飞舞散落的姿态，
这便是春天的待客之花。

◎制作要点

展现出随风飞舞的花瓣浮于水面的姿态，使花朵停留在交错的树枝上。有意让花朵疏密有致，尽显自然之态。

◎使用材料

人造花：樱花

干花：白桦枝

其他材料：容器（东京堂）、硅胶树脂造水剂

烟花和风铃，伏天的鳗鱼。
在日本，炎炎夏日中也有乐
在其中的雅趣。
待客之花只一枝便显得简洁
有力。
收拾停当，院子洒上水，只
手把扇，只待客人到来。

◎制作要点

选择花材和容器时，最重要的就是要考虑通过插花要表达什么。本次插花为了表现出日本的夏日气息，将茎叶笔直而立，并专注于马蹄莲的角度，营造一种清爽之感。而且，越是少用花材，越显作品的紧张感。

◎使用材料

人造花　马蹄莲、菖蒲

其他材料　容器（M.STYLE）、铁丝芯软线、胶棒（打胶枪）

1. 根据容器决定马蹄莲的高度。将铁丝芯的花茎弯曲，使花朵朝向更为美观。

2. 花茎的下半部分保持笔直，而上半部分则与容器平行，以此营造紧张感。

3. 菖蒲的叶脉中加入了铁丝芯，因此可以用手指调整形状。

4. 将全部花材扎成一束后用铁丝芯软线绑好。在花茎底部打胶后，保持直立粘在容器上。

夏
Summer

叶子形状大小各异，更显立体感。若在容器下面铺上与季节相衬的颜色的餐布，整体的气氛又会不同。

◎制作要点

选择给人以绿色沙拉印象的花材。就好像是在烹调形状各异的叶子一般，愉快地将它们组合在一起，营造出充满小清新的情调。

◎使用材料

人造花

马蹄莲两种、百部、白菲通尼亚草、常春藤、石刁柏

其他材料

容器（M.STYLE）、亮漆金属丝两种

1. 把两种颜色不同的亮漆金属丝缠绕成和容器大小一致的花环状。

2. 把叶子剪切到 10 ~ 15 厘米以便插花。从大而显眼的叶子开始，插到步骤 1 的金属丝花环上。

3. 整体插好叶子后，调整位置使其疏密有致，并缠上蔓状叶子完成造型。

夏日的闲暇时光，
把鲜嫩的绿叶放入沙拉碗中，
映入眼帘的是一场清凉的演出。
加上些许冰块，
恭候客人的到来。

遍地的大波斯菊，
随风飘荡，
别具风情。
把它插到漆器点心盒中，
配上地榆和小菊花，
便构成了一幅寻常的秋日图景。

◎制作要点

将大波斯菊随风摇曳的姿态栩栩如生地表现出来。各处都像是从自然中截取的一景，呈现出丝毫不显刻意的自然姿态。花材要集中插放，但尽可能控制花的枝数，这样一来秋日气息便呼之欲出了。

◎使用材料：

人造花　大波斯菊、地榆、小菊花

干花　白发藓

其他材料　容器、花泥、白乳胶

1. 用白乳胶将剪裁成不规则形状的花泥粘在一起，整理成平缓的山形。

2. 用白乳胶把白发藓粘到花泥表面。再把大波斯菊插在上面，形成一种丛生的姿态。

3. 插上地榆，营造出和大波斯菊一同随风飘动的感觉。最后在底端插上几株小菊花。

天朗气清，红蜻蜓翩翩起舞，群山连绵，层林尽染的美丽季节。在印有透光花纹的和纸上贴上红叶，便构成了一幅具有现代感的和式画框。点上暖暖的灯光，来悠然享受这秋日长夜吧！

◎制作方法

画框设计最重要的就是比例问题。首先画出设计图，计算好协调的比例后，再制作框架。而和纸则要选取花纹和厚度各不相同的。严选带有秋日气息的花材，营造一种现代感。

◎使用材料

人造花　银杏、红叶、南蛇藤

其他材料　和纸数种、方木线、白乳胶

1. 结合装饰位置，画出木框的图纸。首先考虑整体的平衡，决定长和宽。完成外部轮廓后，内部的间隔分为大、中、小不同的尺寸。

2. 依据喜好选取粗细适中的方木线，结合图纸将其裁好。再用白乳胶粘到一起，框架就完成了。

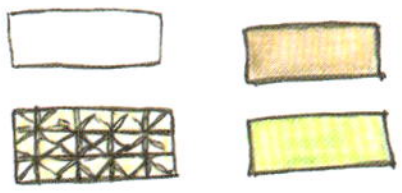

3. 备齐数种和纸，考虑整体的协调性，用白乳胶把和纸粘到木框上。

4. 将红叶或是银杏的树叶，以及南蛇藤等充满秋日气息的植物叶子，配合和纸的透光花纹，疏密有致地粘在和纸上。

◎**制作要点**

插花的基土也营造出了冬日的气息。春天的绿草、夏天的水畔、秋天的落叶，以及冬天枯草上覆盖着薄薄的积雪，平日里对自然的细心观察都有助于插花设计。

◎**使用材料**

人造花：款冬花茎、银柳、水仙两种、笔头草、饰球花

干花：白发藓、软木、稻草

其他材料：容器（M.STYLE）、人造雪、花泥托、花泥黏合剂、花泥、白乳胶

①

②

③

④

⑤

1. 用花泥黏合剂把花泥托固定在容器上，再插上花泥。

2. 在花泥周边覆盖上软木和稻草，显出自然感。花泥中央用白乳胶粘上白发藓。

3. 在花泥中央插上银柳，好似银柳从这里自然生长一般。

4. 再插上水仙，注意保持叶子的灵动之感，之后配上笔头草等花材。

5. 用水化开人造雪，再撒到稻草中做出残雪状。营造阳光下熠熠生辉的雪景。

冬 Winter

惊讶于四周的鸦雀无声时，才意识到屋外已然大雪纷飞。款冬的花茎从积雪中探出头来，也想要窥探这冬日景色。

本次插花试图展现出此种景象。再添上数枝银柳，在阳光下熠熠生辉。

◎制作要点

为了凸显插花作品的整体印象，颜色和素材的选择十分重要。颜色上选择红色到棕色之间的过渡色，素材则加入较粗的毛线和毛毡等元素，这样整体组合更有温暖感。

◎使用材料

人造花	其他材料
古典玫瑰、绣球花、苹果	铁丝芯毛线、毛毡数种、和纸、容器、花泥、#22和#24铁丝、花艺胶带、白乳胶

白乳胶稍作稀释后再用
刷子涂抹

1. 用白乳胶把和纸贴在塑料杯等常见的杯子上。

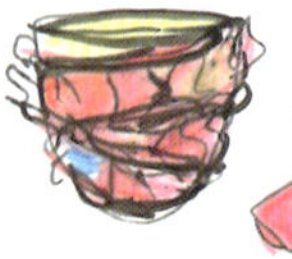
塞在毛线的空隙中
各种毛毡

2. 将步骤 1 中染红的铁丝芯毛线缠绕在容器上，在毛线的空隙里塞进裁好的毛毡，增强容器的立体感。

先插大朵的玫瑰

3. 用白乳胶把花泥固定在步骤 2 完成的容器中，从大朵的玫瑰开始插放。

放上苹果后，
调整整体形状。

4. 在花朵之间插放苹果和绣球花，打造和容器融为一体的轮廓。

用红色的毛线和毛毡做成的容器，
给人以温暖的感觉。
配上满满的圆润且厚重的同色玫瑰，
便能暖到人的心底。

春 Spring

*没有加括号的为人造花。

四季花草图鉴

Flowers by Seasons

日本，四季分明，各个季节都有其特有的植物。选择待客之花时，首先考虑的因素就是季节。

这是因为，当季特有的花草最是方便，而把这宝贵的一瞬装饰起来则是对客人最好的款待。

如今，与鲜花无异的人造花和永生花也备受欢迎。

本图鉴便选择了各季具有代表性的花草。

夏 Summer

秋
Autumn
常春藤
（永生花）
桔梗
贝母
景天花
杭白菊
（永生花）
绣球花
胡枝子
大波斯菊
乒乓菊（永生花）
千日红
*绿色地榆
刺玫果
菝葜
紫盆花
玫瑰
常春藤
大丽花

冬
Winter
梅花
蝴蝶石斛（永生花）
兰花（永生花）
蝴蝶兰
银柳
春兰
山茶
兰花
木兰花
牡丹
蜻蜓兰
金蝶兰

图中盘子上的人造花：古典蔷薇、鼠尾草、胡枝子、贝母、兰花

在日本，各种节日活动和风俗习惯自古代流传至今。

新年的门松，传统节日里的桃花和菖蒲，七夕的竹子等，各种节日活动中，当季的植物都被广泛使用着。

春天，百花斗艳。绿色的秧苗，到了秋天变成金黄的稻穗。一年之中，我们同自然一起，迎来并欢庆一个又一个节点。

节日活动把人们聚集在一起。心连心，共享欢乐时光。我们愿意珍惜，日本这些美好的习俗。

而今，在现代生活中，何不试着加入一些令人怀念的节日活动元素呢？当季特有的花草和亲手烹调的菜肴。只要保持自我、真心相待，就会成为出色的待客方式。

第四章 日本的习俗

Chapter Four : Japanese Customs

盛着冰凉的水羊羹的玻璃盘下，装饰了绿色的枫叶。在日本，古时候便有这种使用花或叶来待客的传统。

落座餐桌时，若是看到感谢的话语则令人愉悦。因此，将写有感谢话语的卡片置于桌上小碟中。细微的用心能温暖宾客的心。

◎使用材料

人造花

胡枝子、铁线莲两种、紫盆花两种、菝葜、杭白菊

永生花

大丽花

其他材料

紫竹框、容器（M.STYLE）、花泥、#22和#24纸包铁线丝、花艺胶带、白乳胶、胶棒（打胶枪）

1. 用白乳胶把花泥固定在容器上，再叠放三片紫竹框，并用铁丝U形夹（参照p93中“U形夹的做法”）固定。

2. 在步骤1完成的底座上错落有致地插上胡枝子，使其展现自然流动感并注意要疏密有致。

3. 插放铁线莲、紫盆花时注意错落有致，营造出曲线美。大丽花则用打胶枪粘贴在紫竹框上。

4. 使花材的插放和容器自然地融为一体，最后再插上调整好形状的菝葜。

感恩的餐桌

A Table of Gratitude

祝贺你。感谢你。

家人齐聚，友人相伴，大家欢聚一堂。这样的餐桌上，大家的笑颜才是最美味的佳肴。

当季的花草装饰餐桌，与平日不同的小小用心，更令人愉悦。

为了让彼此畅谈，不要将花朵摆放得太高，控制到齐胸的高度即可。

搭配上美丽的胡枝子花。

愿我们尽情享受这宝贵时光。

◎**制作要点**

配合黑色容器，把三片紫竹框高低错落地叠放。这样，在容器和花之间留出了空间，更显立体感。搭配横向较长的容器，花的摆放也要注意横向的流动感。

1. 用花泥黏合剂把花泥托粘在容器中央，再将花泥固定，然后在表面粘上白发藓。

2. 注意梅花的花枝形态，笔直地将其插好。

3. 剪去山茶花多余的叶子，插放时留心花朵的朝向。

4. 在云龙形的花纸绳的底部穿上铁丝（参照p92中“穿丝的技巧”和p93中“缠胶带的方法”），以便固定。为了看起来有纵深感，要沿着梅花的花枝来插。

◎使用材料

人造花
山茶两种、梅花两种

干花
白发藓

其他材料
花纸绳，容器（M.STYLE）、花泥托、花泥黏合剂、花泥、#24铁丝、花艺胶带，白乳胶

新年

The New Year

同昨天一样都是早晨，不同的是，今天是清爽的元旦早晨。简单地插上松枝，草珊瑚和红、白两色的山茶，再搭配上花纸绳和折扇，仅需数枝，就完成了这美丽的新年装扮。

◎制作要点

要想营造出一种庄重的感觉，重点就在于精简花材，简单清爽。花材的插放要朝着一个方向。另外，插放花纸绳时要注意高低错落，使整体更有立体感。同时，红、白两色的使用也充满新年的气息。

◎制作要点

这是一个将直线与曲线巧妙结合的作品。把松树和其他枝条的直线舒展开来，再把南天竹的红色果实和乒乓菊插放在根部，整体会显得更加稳当。最后，放上和容器的金边同色的金色折扇，就大功告成了。

◎使用材料

人造花	松树、兰花、南天竹
永生花	乒乓菊
干花	结香两种、白发藓
其他材料	花纸绳鹤、花纸绳、和纸、折扇、容器（M.STYLE）、花泥托、花泥黏合剂、花泥、#22 和 #24 铁丝、花艺胶带、白乳胶

1. 与 p54 的操作相同，把花泥固定在容器上，再粘上白发藓。然后垂直插上松枝，再系上和纸和红、白两色的花纸绳。

2. 插放金色和红色的结香枝，并注意枝条的形态。

3. 把兰花和南天竹插放在较低的位置。然后，将用夹插法穿丝的乒乓菊（参照 p92 中的“穿丝的技巧”和 p93 中“缠胶带的方法”）高低错落地插放在花材的前后。

4. 最后插上编好的花纸绳鹤和折扇，并保持整体的协调性。就这样，华丽的新年花饰就完成了。

1. 将粉色的千代纸卷成管状并用透明胶带固定，作为容器的隔断。

2. 在使用套盒时，先放入隔断，再从圆鼓鼓的花材开始逐次放入。

3. 摆放花材时，相邻的花材要选取姿态不同的。最后放上作为主角的花材后，观察整体的协调性，就完成了。

4. 将三个套盒排放好后，很重要的一点是要再次确认颜色以及素材搭配是否协调，是否符合桃花节的整体氛围。

◎制作要点

制作插花作品时，要十分重视主题给予自己的第一灵感。脑子里想象着要为可爱的小女孩庆祝节日，然后收集花材。这个设计中最重要的就是花材的搭配。

◎使用材料

人造花：玫瑰、寒丁子、樱花、毛茛、三色堇

永生花：晚香玉、乒乓菊、小菊花、紫盆花

其他材料：千代纸、容器、透明胶带

桃花节

Girls' Festival

用粉色的千代纸将容器分隔开来，在每个格子里摆上富有春日气息的可爱花朵。如此一来，孩子也许会问：『这个花叫什么名字呀？』母子的互动也会更热闹。像这样简单的装饰，即便是忙碌的妈妈也能轻松搞定。

笔直地插上菖蒲和鸢尾，以祈盼子女健康茁壮成长。花材的整体轮廓也与容器相称，十分整洁清爽。今晚，父母和孩子还将一起享受菖蒲浴的欢乐时光。

◎制作要点

一般情况下，插放花材时都会集中向一点，但这次的插花设计，是要将花材平行插放。关键就在于花材的插放位置要处于一条直线上。菖蒲的叶子和鸢尾分别插放在不同的容器中，最后再组合在一起装饰起来。

◎使用材料

人造花　鸢尾、菖蒲

其他材料　卡片、细树枝、铁丝芯软线、容器（东京堂）、花泥、白乳胶

1. 将花泥放在低于容器口 3 厘米左右的位置，再沿着容器边缘垂直插放菖蒲。

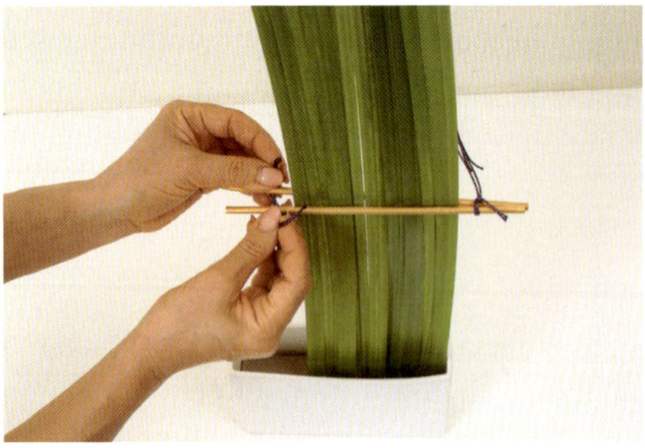

2. 用细树枝或圆木棒从两边紧紧夹住菖蒲叶，再系上铁丝芯软线加以固定，然后插上卡片。

3. 与步骤 1 相同，在另一个容器中放好花泥，再横向插满整理好形状的鸢尾。

4. 花朵的插放要高低错落，并且注意包括容器在内，整体轮廓要呈方形。

端午节

Boys' Festival

五彩缤纷的花朵，像要从盒子里迸发出来似的，传达着感谢的心情。这其中饱含了对挚爱的母亲的谢意。

◎制作要点

虽有很多设计都使用了礼盒，但是这次的亮点在于，盖子和盒身的缝隙间喷涌而出的花朵的跃动感。花材的选择也饱含深情，精挑细选了姿态各异的花朵。

◎使用材料

人造花
玫瑰、蓝星花、康乃馨、寒丁子、绣球花

永生花
玫瑰、康乃馨、加拿大一枝黄花、晚香玉

其他材料
丝带、礼盒、花泥、#22和#24铁丝、花艺胶带、白乳胶、透明胶带

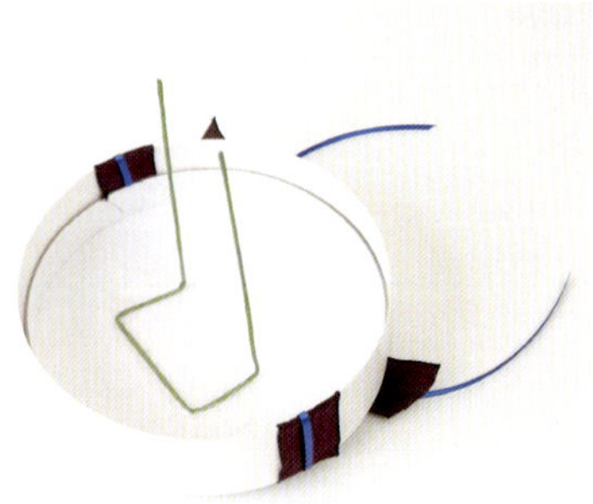

1. 在礼盒盖子的边缘缠上丝带，并在盖子上将丝带打结。把花艺胶带缠在 #22 铁丝上，折弯成图示形状后，用透明胶带固定在盒盖内侧。

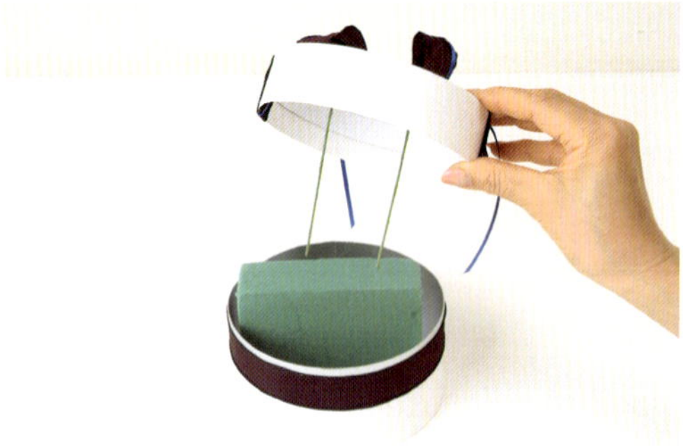

2. 将花泥固定在高于礼盒边缘 2 ~ 3 厘米的位置。把盖子上的铁丝插进花泥，倾斜着盖上。

3. 将永生花穿上铁丝（参照 p92 中“穿丝的技巧”和 p93 中“缠胶带的方法”）。从较大的花朵开始，朝向中心插放。

4. 插放花材时要注意凹凸有致，使整体呈放射状涌出。最后添加几朵小花，增强节奏感。

母亲节

Mother's Day

如今，花瓣层层叠叠的古典蔷薇备受人们的喜爱。

而成熟的深粉色，与母亲最相称。

◎制作要点

这个花束呈圆形，因此也要选择带有圆形元素的花材。圆形花瓣层层叠叠的古典蔷薇再合适不过了。将花枝交叉，使花朵整齐地组合成螺旋状，形成一个花束。

◎使用材料

人造花	其他材料
古典蔷薇五种、黑莓、瓜叶菊、云龙柳	丝带、#22和#24铁丝、花艺胶带

1. 按照喜好把云龙柳卷成大小适中的环状，用 #24 铁丝固定。

用铁丝制作花托

2. 准备 4 根缠好的（参照 p93 中“缠胶带的方法”）#22 铁丝。在步骤 1 做好的花环状柳枝上绑上铁丝，做成一个花托。

3. 捆扎之前，要把捆绑位置以下的叶子全部去掉。

4. 在柳枝底座上把花材绑成螺旋状。捆扎位置需用铁丝固定，然后用丝带把铁丝遮挡起来。

◎制作要点

准备数朵形状规则的单株花。略微高低错落地插放出一个平面。兰花的花瓣质地纤弱，处理时要十分小心。

◎使用材料

永生花 马蹄莲、蝴蝶兰、乒乓菊、补血草、加拿大一枝黄花、叶子

其他材料 带盖玻璃容器（东京堂）、花泥、#24裸线铁丝、花艺胶带、白乳胶

1. 用 #24 铁丝把花材处理好后，用胶带缠好(参照 p93 中“穿丝的技巧”和“缠胶带的方法”)。

2. 用白乳胶把花泥固定在容器上。

把花材优美地插放在盖子里

3. 插放马蹄莲，注意花朵的高度，不要碰到盖子。插放其他花材，保证每一朵花看上去都姿态优美。

造型后方也富有立体感

4. 后方充分覆盖上叶子，侧面也用小花或叶片填补整齐。

盂兰盆节

Bon

迎接祖先的盂兰盆节。
这一天要清扫房屋，
装点花卉。
永生花能够长留美丽，
在夏天的盂兰盆节使用也十分方便。

◎**使用材料**

【金色容器的作品】

永生花：蝴蝶兰、蝴蝶石斛、乒乓菊、黄杨、花叶蒲苇、澳洲米花、小菊花

人造花：绣球花、瞿麦、西洋兰花

其他材料：容器（东京堂）、花泥、#24和#26铁丝、花艺胶带、白乳胶

【适宜盂兰盆节的花材】

人造花：酸浆、小菊花、龙胆、鸡冠花等

永生花：各种兰花、菊花（杭白菊、乒乓菊、单株菊花）、康乃馨、补血草等

◎**制作要点**

白色、紫色和绿色的花草用作供奉无可非议，不过最近，沉稳的粉色或是明亮的黄色也有人开始使用。

不单要注意颜色的挑选，还要有一颗创作美丽作品的心。

兰花和菊花也可以制成永生花了，适合日本和室空间的永生花种类也大大增多。

无论何时也都能供奉上美丽的花，如此一来，合掌祈祷时也能舒心了。

◎使用材料

【白色容器的作品】

永生花

单株菊花、乒乓菊、补血草、羽叶蕨、蝴蝶兰

人造花

绣球花、兰花

干花

莲

其他材料

容器（东京堂）、花泥、#24和#26铁丝、花艺胶带、白乳胶

◎使用材料

【花束】

永生花：冷杉、加拿大一枝黄花、玫瑰

干花：素馨叶白英、松球

人造花：黑珍珠

其他材料：酒椰叶纤维绳、#24纸包铁丝线、#22和#24裸线铁丝、花艺胶带

◎花束制作要点

1. 把穿好铁丝（参照p92中的“穿丝的技巧”和p93“缠胶带的方法”）的花材平着绑好，避免重叠交叉。

2. 用酒椰叶纤维绳将把手缠好。

3. 为了防止酒椰叶纤维绳散开，连接处用缠好花艺胶带的 #24 铁丝拧紧固定。

4. 为了遮挡步骤 3 的铁丝，再用酒椰叶纤维绳打个丝带结。

岁末欢聚

Year-end Gatherings

到了十二月，日本的街头巷尾到处洋溢着圣诞的气氛。

花材中的针叶树也花样繁多。

红色成为这一时期的主打色，

考虑着颜色的呼应，来完成今天的装饰。

平日的餐桌也要来一个大变身。

◎制作要点

这次的设计主要是发挥素材本身的特色，力图达到一种简约的效果。关键词就是温暖。首先要决定一下基础色调。就像搭配连衣裙、鞋子和包一样，要整体协调。在家里环视一周，有时就能发现，在不经意的地方放着和圣诞节相配的物件。这正是插花设计的最高境界。

◎使用材料

【插花】

永生花	人造花	其他材料
花柏两种	*苔藓纸	花泥、金属容器、双面胶

1. 将粘有苔藓、凹凸不平的苔藓纸卷成筒状并用双面胶固定，再把花泥放入筒中。制作两个这样的纸筒。

2. 把步骤 1 中的纸筒放入柔软的金属容器中。再将两种花柏自然地插放到容器中。

◎制作要点

在篮子上放上剖为两半的竹子。巧用竹子之间的缝隙，放入耧斗菜。插花时，要充分意识到直线和曲线的对比。

若想心情平静、精力充沛，
若想远离一成不变的生活、找寻另一个自己，
此时，装饰上竹、松、苔藓等植物
便会平静下来。

京都庭园内的苔藓如波浪般起伏。
竹叶伴随着微风轻轻摇曳，发出沙沙的声音，
在寂静的竹林中仰望，只见直入云霄的绿竹。
使用这些素材，试着在现代社会匆忙的生活中，
创造出和风浓郁的时尚空间吧！
具有日式淳朴风格的插花待客之道，
凛然绽放出优雅与美丽。

◎使用材料

人造花	干花	其他材料
耧斗菜	竹子	篮子

第五章 感知日本风情的植物

Chapter Five: Plants with Japanese Taste

◎制作要点

制作木皮纸筒状容器时，最重要的是要考虑宽度和高度的平衡。将桔梗的花姿调整好之后再插入容器中。

◎使用材料

人造花

桔梗两种

其他材料

木皮纸、竹托盘、花泥托、花泥黏合剂、花泥、透明文件夹、养生胶带（易撕、不留痕，适用于搬家、装修等家具的表面保护，也适用粘贴表面不光滑的物体）、白乳胶

竹 Bamboo

从连续不断的直线中产生的静态美，

时常体现在日本的建筑风格中。

竹子高洁的直线，

和柔美的植物曲线完美结合，

散发出适合榻榻米的插花魅力。

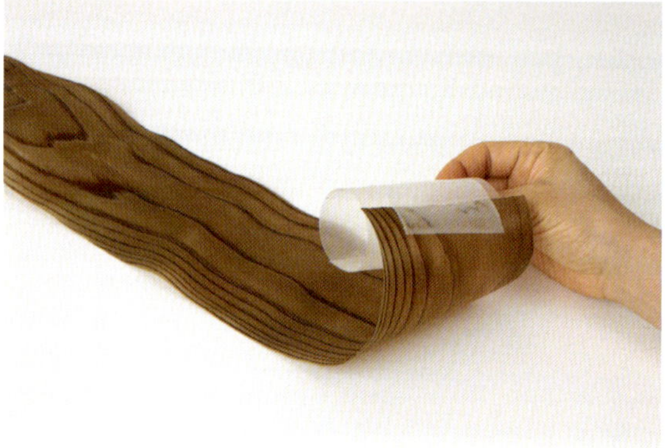

1. 将透明文件夹剪开，卷成筒状当作工具备用。在木皮纸上粘上养生胶带，在圆筒上缠绕成筒状，这样木皮纸容器便完成了。

2. 用花泥黏合剂将花泥托固定在竹托盘上。把一小块花泥固定好，外面套上一个木皮纸筒，然后将花插入其中。

竹制托盘中放上木皮纸卷成的圆筒，天然原材料制成的插花容器。光线穿过，木纹清晰可见，呈现出美丽的图案。

过去，家家户户起码都会有
一只竹篮。
随着时间的推移，
竹篮就会变成黄褐色，
这正是竹篮花器的味道所在。
将人造紫藤花
置于日本画前，
自然而然地，腰板也想要挺直。

◎**制作要点**

紫藤花等花，可利用其絮状下垂的特点进行设计。无须多加工，仔细观察牵牛花的姿态，调整出最好看的形状，进行插花。

◎**使用材料**

人造花

紫藤花、牵牛花两种

其他材料

竹篮、花泥、白乳胶

1. 在竹篮中放入花泥，用白乳胶固定。先插入紫藤花枝。

2. 接着在根部插入牵牛花。然后调整花姿，使牵牛花和絮状的紫藤花看起来更好看。

松 Pine

庭院内山茶花的枝叶上，随意地落着数不清的松针。抬头望去，便能看到高大挺立的松树。其毫无雕琢的造型美，观之令人着迷。将这天然的松针，认真细心地扎成捆，摆放在木框内。

◎制作要点

使用一根一根细小松针的设计，是集合美的体现。制作这个作品，从头到尾都需要认真细心。通过松针的强弱赋予作品变化。

◎使用材料

永生花	其他材料
松针	和纸、和布、木框、竹帘形状的圆棒、白乳胶、插花专用防水黏合剂

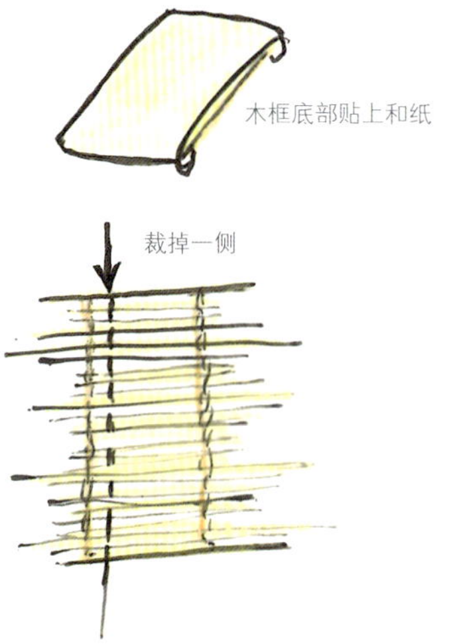
木框底部贴上和纸
裁掉一侧

1. 用白乳胶把和纸粘到简洁的木框上，裁剪好竹帘形状的圆棒，放在木框上，完成底座。

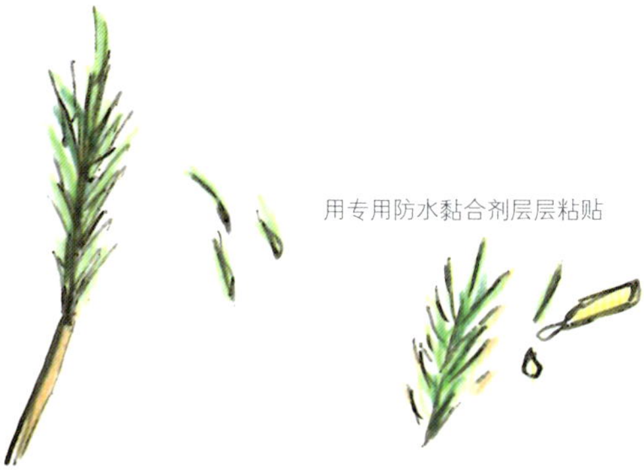
用专用防水黏合剂层层粘贴

2. 把保鲜松针一根根摘下，用专用防水黏合剂粘到木棒上。

和布剪成锐角三角形

3. 松针保持一条直线，但应该注意有强弱虚实的变化。最后放上朱红色和布加以点缀。

容器口盖上厚纸板，
把松针厚厚地堆积在上面。
再放一株淡红的春兰加以点缀。
更换点缀用的花，
便可轻松随意地感受不同季节之美。

1. 将保鲜松针一根根摘下。

◎**制作要点**

使用保鲜松针，赏花期会更长。容器要选与松针相配的质感和大小，这是创作本作品的关键。

2. 在装好花泥的容器上，盖上厚纸板，纸板中间开一个洞，插入春兰。然后在松针尾部涂上专用防水黏合剂，仔细地叠放在纸板上。

◎**使用材料**

人造花：春兰

永生花：松针

其他材料：容器（M.STYLE）、花泥、纸板、白乳胶、插花专用防水黏合剂

3. 从侧面看，容器中间部位稍稍隆起，看起来与容器融为一体，并具有立体感。

松软的苔藓和黄绿色的小菊花。虽然只有这两种植物，但正因如此，才能体现出我们的世界观。放在榻榻米上，如同盆景一般。

◎制作要点

只有松软的苔藓才具有的柔美的曲线感，是这个作品的看点。与贡菊摆在一起，使贡菊稍低一些，通过这种对比，体现出作品的深远意境。

◎使用材料

永生花：贡菊

干花：干苔皮

其他材料：容器（M.STYLE）、花泥、白乳胶

将干苔皮粘贴成
平缓的山丘状
细节部分需仔细完成
镊子

1. 贴合容器内侧的低洼处，用白乳胶固定花泥，表面修剪成平缓的山丘状。

2. 小心地取下一块干苔皮。

3. 干苔皮粘好后，插入保鲜贡菊，贡菊占到整体的四分之一左右。

4. 为了让作品看起来更像一个独立完整的器件，细小的部分也要不露痕迹地仔细粘贴好干苔皮。

【人造花、干花、永生花的苔藓种类】

苔藓有人造、干燥、保鲜三种。不用换水，便可装饰很长时间，十分便利。种类也十分丰富。

冰岛苔藓（干花）　干苔皮（干花）　池青苔（永生花）

白发藓（干花）　＊苔纸片（人造花）　＊四方苔藓垫（人造花）

苔藓 Moss

漫步在长满苔藓的庭院里，不知为何便能心神宁静。
难道因为苔藓是静态植物？
人造苔藓和保鲜类苔藓品种日益增多，令人欣慰。
现代生活中，平添一份和式时尚感的静谧。

◎制作要点

近来，石盘成了大受欢迎的餐具。矿物质的材质，与苔藓非常搭调。可按不同比例，组合不同种类的苔藓。

◎使用材料

人造花　＊苔纸片、＊四方苔藓垫

永生花　池青苔、绒毛式球花

干花　冰岛苔藓、白发藓、干苔皮

其他材料　容器（M.STYLE）、双面胶、白乳胶

在日本，自古以来就有插花、茶室插花等插花文化的传统。

热爱每个季节，根据每种植物不同的姿态插花。

插花的空间也是至关重要的。

在日常生活中，享受大自然之美，珍惜为她心动的每一个瞬间。

因此，便会在不知不觉中学会把握植物端庄的姿态。

同时，也学会了在插花时弯曲调整枝叶这一手法。

这种手法，加上对他人的关心体贴，就构成了基本的以花待客之道。

在此，我们介绍几个吸收了日本传统风格的要点。

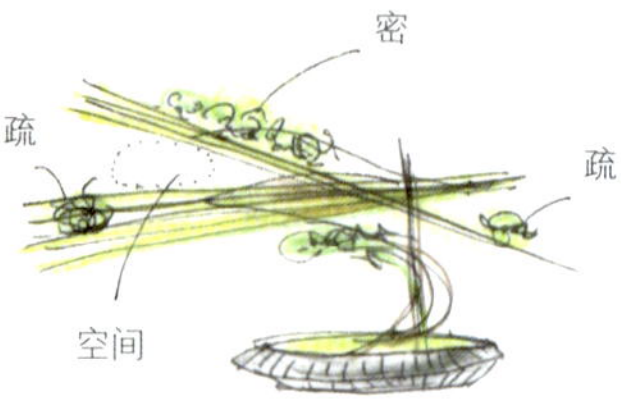

竹帘使用细竹子用金属丝编织而成。两片叠放，中间会产生空隙。空隙中放入花材，能清楚地观察到植物的姿态，插的时候，要区别出稀疏处和密集处。

◎使用材料

人造花
柴胡、倒地铃、铁筷子、大星芹、蔓生百部、兰花、珍珠花

永生花
绿藤

干花
细竹、白发藓

其他材料
小石子、容器、花泥、#26纸包铁丝、#18裸线铁丝、花艺胶带、白乳胶

第六章 日本的插花风格

Chapter Six : Japanese-style Arrangements

◎**使用材料**

人造花

鬼灯檠、贝母、风铃草、稻花、花楸、瞿麦、菖蒲、加莱克斯草、金槌花、千日红

其他材料

石头、容器、花泥、白乳胶

◎**制作要点**

在日本插花中，重点是要利用植物本身的姿态和动感。保持叶子的线、面、小花簇拥的体的原本的形态，便是最自然的设计。不必左右平衡地插花，插花时脑海里浮现出插花设计的黄金比例（8:5:3），同时考虑到花的长度和密度，便可呈现出完美的作品

活用线、面、体特征的同时，
让花的比例满足黄金比例（8:5:3），
看上去更具平衡感。

各处留有小空间。
可以很好地发挥植物姿态
和叶子的动感。
↓
较大的空间。

线

要体现重视空间和干净利落的日本风格插花，重点就在于使用直线形的叶子。是笔直还是弯曲，要结合插花目的调整叶子的角度。

面

山茶花和加莱克斯草等表面光滑的叶子，能给予作品稳定感，具有凸显其他植物的作用。把它高低不一地放置在低处，效果最佳。

体

绣球花一类的花团簇拥的花，能体现出一种与平面花不同的沉稳感觉。将这类花插在作品中央较低处，留出枝叶之间的空间，便可完成一件富有立体感的作品了。

线・面・体

Lines, Surfaces, Clusters

在插花设计中，
有各种活用植物姿态的方法。
将线状叶子置于宽裕的空间中，
便能产生出伸展的感觉。
将圆形、平面状的叶子，插入根部，便能产生稳定感。
将小型的团状花，剪短插入，便能产生立体感。
合适的花插入合适的地方，完成的作品就会清爽利落、有张力。

p85 作品

空间与疏密

Space and Density

为了将重心放在上面，
使用了两层竹帘。
花材摆放疏密有致，
便会增加一丝紧张感，
使人感觉到力量之美。

植物除颜色不同之外，还有材质的不同。
毛茸茸的绿块菌，
配以滑溜溜的加莱克斯草。
将表面质感不同的植物组合，
便可欣赏新的发现。

◎制作要点

即使同属叶子，表面质感也有明显不同，有的毛茸茸，有的滑溜溜，有的圆乎乎。搭配时要让人明显体会到这种质感的差异。但要注意，摆放时不要把不同植物像拼格子似的整齐区分开，而是要按画画的感觉，长短不一地自然排列。

◎使用材料

人造花
加莱克斯草、绿块菌

永生花
银叶桉、小型圆白菜、池青苔、绣球花、银叶树、加拿大一枝黄花、绒毛式球花、花叶蒲苇

其他材料
容器（M.STYLE）、花泥、白乳胶

滑溜溜

圆乎乎

毛茸茸

轻飘飘

使用表面质感不同的植物插花时，需使用颜色相近的组合。这样才能不把注意力集中在颜色上，而是侧重欣赏表面质感的不同。绿植的种类非常多，是最适合的颜色之一。

红与绿、黄与蓝，将互补色组合在一起，形成颜色的对比。当你需要醒目而突出的设计时，推荐这样的配色。

亚光质感的边框表面也能创造出很好的效果，尤其是在以对比为主题的作品中。上面的照片，是有机质的植物表面和无机质的亚光框的对比效果。

形与色的对比

Comparing Shapes and Colors

◎制作要点

色泽、材质、动与静。这件作品中有着各种对比。要点是将玫瑰并排放置，使边角整齐、形状整齐，并使用材质不同的绿植。细长叶子的花叶蒲苇，交错着插到中间以外的部位。

◎使用材料

永生花　玫瑰、绣球花、银叶树、绒毛式球花、加拿大一枝黄花、常春藤、稻花、花叶蒲苇

干花　干苔皮

其他材料　亚光框（东京堂）、花泥、白乳胶

花材的固定方法

①把插花材料剪切成适当的长度之后，在根部涂上足够的白乳胶。②牢牢地插入花泥中。这样，即使在搬运时根茎也不会脱落。

花泥和苔藓的放置方法

①将容器口压在花泥上，做出标记。②沿着做好的标记，裁剪花泥。③把花泥放入容器中。削掉容器边缘多余的花泥。④用白乳胶在表面粘上一层薄薄的苔藓。

人造花专用钳的使用方法

①用手钳将花茎夹住。②将人造花放到桌子上，把手钳向下压并剪下花茎。这样，无须多费力气，便可轻松剪下花茎。

让人造花看起来栩栩如生的方法

①使用人造花之前，弯曲含有铁丝芯的茎叶。②会使人造花显得非常栩栩如生，令人惊讶（左图为弯曲前，右图为弯曲后）。

Useful Techniques

【实用小妙招】

这里介绍使用人造花或永生花的基本技巧。人造花的花茎有铁丝芯。若花茎较粗，用剪刀直接剪不断，可在花茎上开一个切口，把露出来的铁丝用手折断，或者用剪刀剪断。

Artificial Flowers
人造花

⑥叶
叶脉中一般都含有铁丝，使用起来非常方便。可随意弯曲，改变形状。

⑦带根植物
兰花类植物中，有很多是带根的。像真花一样的根活用在作品中，效果相当显著。

⑧果实
虽然也可以只使用果实，但因花茎中带有铁丝，用在需要弯曲改变形状的作品中，效果非常好。

⑨多茎花
一枝茎上有若干分支的花。只需一根茎便有多朵绽放的花，有宽度，可以展现动感。

⑩单茎花
一枝茎上只有一朵花。整理好花形，只需一枝，便独树一帜，引人注目。

⑪枝条
从嫩绿到红叶，各种枝叶应有尽有。使用起来十分方便，在完成大幅作品时，能够呈现出作者的世界观。

插花材料 使用说明

Tips on Handling Flowers and Leaves

本书的作品中，使用的花材都是人造花、永生花。人造花是使用各种材料人造的假花。永生花则是将鲜花浸在特殊溶液中处理后，可长年保存的花。

下面将介绍这些与鲜花有所不同的上乘插花材料的形状特点和使用说明。

永生花 Preserved Flowers

1 会动的草
有些草弯曲的细线条上长有小小的叶子。最后完成时点缀上它，更显立体感。

2 苔藓
有多种表面质感不同的苔藓，除了做底衬之外，也可作为主材。

3 叶子
与新鲜叶子的形状相同，从深绿到灰色，自然原本的颜色也应有尽有。

4 花
加工永生花时，基本上都会把花朵从花托处剪下来。穿上铁丝后，缠好花艺胶带，便可做出花茎。

5 带果实的植物
可以原封不动地使用，同时也推荐只使用果实的方法。

Characteristics of Artificial Flowers and Preserved Flowers

【人造花与永生花的特点】

如今，日本人造花的品质非常高，看起来与鲜花毫无二致，颜色和品种也多种多样。很多花茎中都含有铁丝，可随意弯曲、改变形状。

永生花中，除了广受欢迎的玫瑰之外，与和风设计相配的菊花、兰花、苔藓的种类也逐渐增多，插花创作的范围也越来越广。

穿丝的技巧
Techniques Using Wires

给花朵或者叶子穿上铁丝，不仅能够充当花茎，同时插入花泥时角度也可以自由调节。穿丝用的铁丝，可根据花材的大小，选择使用 #22 到 #26 粗细程度的铁丝。

缠绕法

①将铁丝穿过枝杈处，一根茎叶将铁丝分为均等的两部分。②沿着根茎的方向将铁丝对折。③用其中的一根铁丝向下缠绕另一根。④完成。

夹插法

①从叶子背面，主叶脉的 1/3 处轻轻穿过。②按住穿过的地方，沿着根茎将铁丝弯曲对折。③用其中的一根铁丝向下缠绕另一根。④完成。

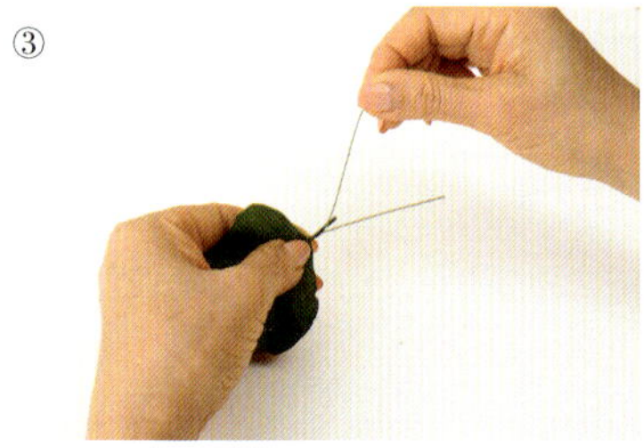

穿丝的技巧
Techniques Using Wires

插入法

①把铁丝直接穿入花茎中。不易穿入的时候，也可从侧面穿入。②完成。

①

②

穿插法

①将铁丝穿入花茎或子房中。②穿过后不是将穿入的铁丝继续向前推，而是用另一只手向外拉。③将铁丝弯曲对折。④完成。

①

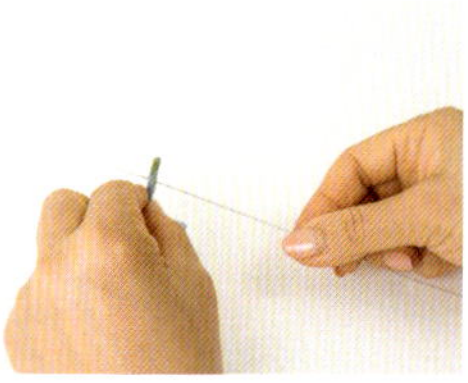

③

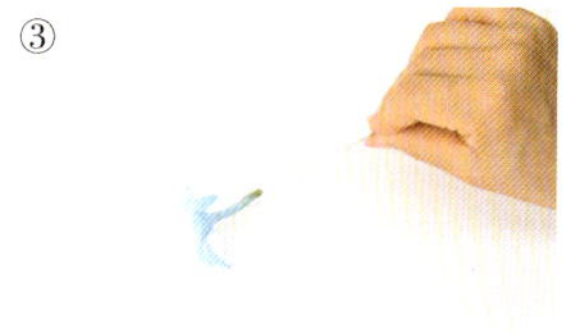

②

④

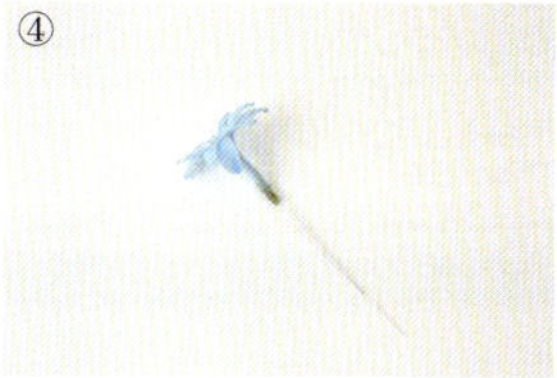

其他技巧
Other Techniques

U形夹的做法

①

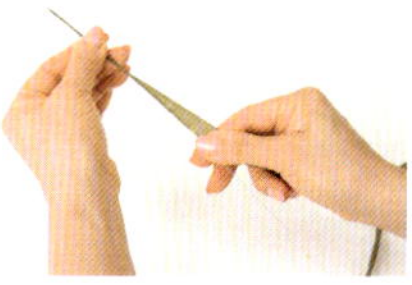

①主要使用#22裸线铁丝。用花艺胶带来缠。

②

②剪切成适当的长度后，从正中对折铁丝并弯曲成U形。

③

③完成。

缠胶带的方法

①

①将花艺胶带拉长，在花朵的根部固定好之后，一圈圈缠绕。

②

②一只手抓着上面，另一只手边拉紧胶带边缠绕。

③

③完成。

Essential Tools

【所需的工具】

除了剪切内含铁丝芯的花茎所需的剪刀和花泥之外，其他工具与鲜花所使用的工具相同。

先从触手可及的工具开始，放轻松。

①胶棒（打胶枪）
把热熔胶棒放入手枪形状的打胶枪中加温，使其熔化后使用的树脂黏合剂适用于快速黏合。

②花卉专用刀
花卉专用的小刀。可以剪切花泥。

③剪刀
用于剪切鲜花、丝带、包装纸。

④金属丝专用剪刀
主要用于剪切 #22、#24、#26 铁丝等较细的金属丝，也可用于剪切花茎较细的人造花。

⑤人造花专用钳
用于剪切花茎较粗（较硬）的花。专门用于人造花的剪刀。

⑥花泥
固定插花材料时，塑形用的泡沫海绵。虽然也有用于鲜花造型的含水花泥，但使用人造花或永生花时，最好还是使用可以直接使用的专用花泥。

⑦花艺胶带
拉伸后黏着性增强的插花用胶带。颜色丰富多彩，特别是绿色，从深绿到浅绿，应有尽有。

⑧白乳胶
通常用于粘贴纸制品或木制品的黏合剂。在本书中，插花时就不必多说了，粘贴叶子时也会使用。另外，使用后用水浸湿的话，去除得会比较干净。因此，在餐具上固定花泥时也会使用。

⑨插花专用防水黏合剂
不受湿度或温度影响的插花专用黏合剂。可少量使用，用在精细手工活儿中会比较方便。

⑩镊子
尖端非常细，适合在做精细的工作时使用。

⑪铁丝（纸包线、裸线）
用于给花材做花茎，或用来捆扎。用偶数来表示粗细程度，数字越大就越细。外层缠着纸胶带的是纸包线（照片上）。外层什么都没有的是裸线（照片下）。

其他工具

●亮漆金属丝
铝制金属丝。可随意弯曲、缠绕，可用作花留。

●花泥托
在容器和花泥托之间涂抹花泥黏合剂，加以固定。用于固定花泥。

●花泥黏合剂
黏土状的固定剂。取少量，用手揉捏，涂抹在容器上，用来黏附花泥托。

结束语

Afterword

今野政代

樱花盛开。刚刚吐绿的嫩叶沐浴着阳光，充满光泽、闪闪发亮。

色彩鲜艳的红叶。

现今，有许多海外游客来到日本旅行。

他们在赞美日本美丽自然风光的同时，也对让人铭记在心的口式待客之道给予了高度评价。

『待客之道』就是考虑如何细心周到地安排，能让客人们感到轻松愉快的、无微不至的关怀，

如何才能让客人们度过舒适惬意的时光。

在此，我们用小小的心意，插花待客。

在一处收拾停当的空间，插一枝花，来迎接客人。

只需稍稍用心，拥有一颗能感受四季之美的心，无论是谁，都能做好。

在本书中，我们准备了各种不同的切入点。

首先，从喜爱的餐具和一枝花开始。

为远道而来者精心准备。

高洁典雅之花，

这也是您自己精致生活的写照。

二〇一五年十月吉日

图书在版编目（CIP）数据

花之盛宴 /（日）今野政代著；赵蔚青译 . —北京：中国友谊出版公司，2017.7
ISBN 978-7-5057-4090-7
Ⅰ . ①花… Ⅱ . ①今… ②赵… Ⅲ . ①花卉－观赏园艺 Ⅳ . ① S68
中国版本图书馆 CIP 数据核字 (2017) 第 153125 号

书名　花之盛宴
作者　（日）今野政代 著　赵蔚青 译
出版　中国友谊出版公司
发行　中国友谊出版公司
经销　新华书店
印刷　北京市雅迪彩色印刷有限公司
规格　787 毫米 ×1092 毫米　16 开
　　　6 印张　48 千字
版次　2017 年 8 月第 1 版
印次　2017 年 8 月第 1 次印刷
书号　ISBN 978-7-5057-4090-7
定价　55.00 元
地址　北京市朝阳区西坝河南里 17 号楼
邮编　100028
电话　（010）64668676

如发现图书质量问题，可联系调换。质量投诉电话：010-820693363

铁葫芦

铁扇担道义　葫芦藏好书